給孩子的
漢字故事繪本

編著 — 鄭庭胤　　繪圖 — 陳亭亭

中華教育

給孩子的話

小朋友，偷偷告訴你一個祕密，遠在上古時期，我們的老祖先便靠着一代傳一代，將一個大祕寶流傳至今。如此珍貴的寶藏，究竟是來自龍宮的金銀珍珠，還是玉皇大帝的仙丹妙藥呢？答案可能要叫你大吃一驚了，那就是我們生活中無所不在的「漢字」。

你可能會很不服氣，說：「這才不是寶藏呢！」但是先別急，試着想像一下，要是沒有文字，這世上會發生甚麼事呢？

在古時候，史官靠着手上一枝筆紀錄國家發生的大小事，要是文字消失，歷史也就跟着隱沒在時光中；世上如果沒有文字，我們就沒有課本能夠使用，得在老師講課時，一口氣記下所有知識，可真叫人頭昏眼花！幸好，漢字解決了這些麻煩，就算不必發明時光機器或記憶藥水，我們也能知曉天下事、學習前人的智慧，這麼看來啊，就算說漢字比金銀財寶更加珍貴，也不為過呢！

說到這裏，你是不是開始對漢字刮目相看了呢？在這本書裏，邀請到好多漢字朋友來聊聊他們的過去與近況，趕快翻開下一頁，漢字們要開始說故事囉！

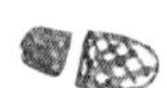

目　　錄

yǔ

與

→ → 與

把物品交到另一人的手中，這個動作稱為「給與」，也就是「與」字的本義。在金文裏，可以看出「與」字上方畫着一雙手「」，下方也伸手「」接過對方遞出的牙齒「」。

為甚麼要贈與牙齒呢？據說，古代某些地區有特別的習俗，當男女到了適婚年齡，便會拔下門牙當作定情信物，有點像是現在的結婚戒指呢！

小教室：

「施比受更有福」，這句話是說比起接受，反倒是付出的人更有福氣。

有能力捐錢、做善事，這代表我們生活穩定、身體健康，比那些需要幫助的人擁有更多，這是件值得感恩的事。

chéng

→ → → 承

「承」字的本義是「奉承」。在甲骨文裏，「承」字上方畫了一個人形「」屈膝坐着，底下則有一雙手「」將他高高抬起，看起來很像在討取這個人的歡心，表現出「承」字吹捧、奉承的意思；演變到篆文時，人形的正下方多出一隻手「」，用來抬起這個人的重量，因此「承」字又有承受、負擔的意思。

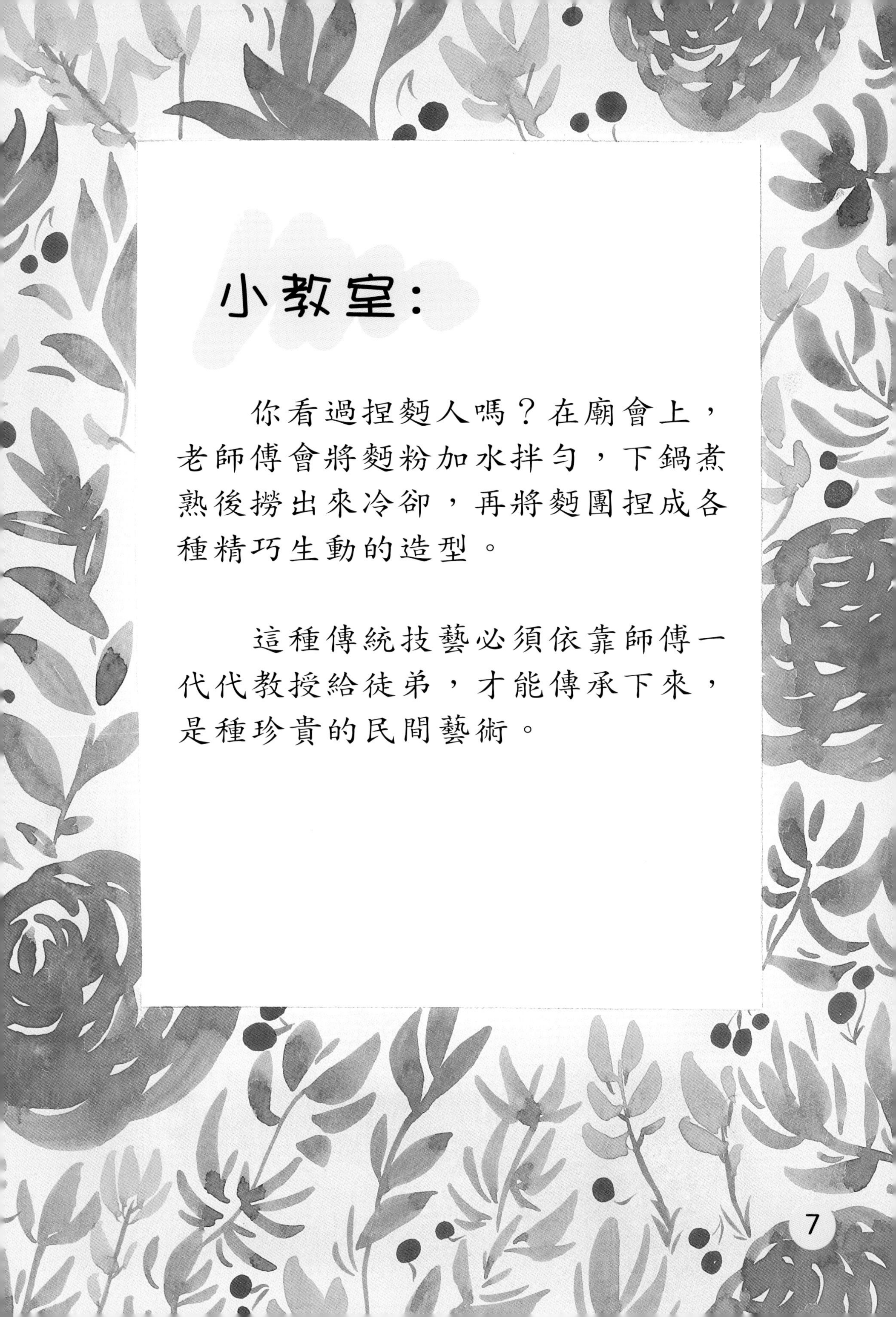

小教室：

你看過捏麪人嗎？在廟會上，老師傅會將麪粉加水拌勻，下鍋煮熟後撈出來冷卻，再將麪團捏成各種精巧生動的造型。

這種傳統技藝必須依靠師傅一代代教授給徒弟，才能傳承下來，是種珍貴的民間藝術。

bài

拜

→ →

到廟中參拜神明時，通常會在神像前將雙手合十，或者點燃線香拜拜；更虔誠的大禮則是跪下雙膝，兩掌交疊在地上，最後彎下身體將頭靠在手上。

在金文裏，「拜」字的左邊畫着一隻手「 」，右邊則是一個跪坐的人形「 」，由上而下分別是他的頭髮、頭部與身軀；「拜」的意思就是一個人行禮跪拜，因為彎下了身體，所以連頭部都靠到了手上。

小教室：

古時候有種稱為「結拜」的習俗，當朋友之間相當要好，希望成為如同手足的關係時，便會舉行儀式，發誓「有福同享、有難同當」。

wàng

望

→ → →

想眺望遠方時，只要走到高處或以東西墊腳，就能使視野變得更加開闊。「望」字在甲骨文中，畫的就是一個人「 」踩在小土丘「 」上，並且睜大了眼睛「 」眺看遠方的模樣。這個人究竟在看甚麼呢？隨着文字演變，他眺望的對象也浮現在字形中，原來是一彎明月「 」呀！

「望」字畫的就是登高望月，有着「遠看」的意思。

「舉一反三」形容人擅於學習，只要教導他一項知識，就能靈活領悟出相關的道理。

雖然讀書有時讓人感到枯燥，但只要掌握訣竅，就能事半功倍喔！

jiāo

交

→ → → 交

「交」字和「大」字的關係很密切，仔細看「大」的甲骨文字形「」，是不是很像一個人正面站立、兩腳張開的模樣呢？

當這個人將雙腿左右交疊「」，「大」字就成了「交」字，有着「交叉雙腿」的意思。後來，「交」字也被拿來代指一切事物的交會。

小教室：

友誼不分年齡，只要能夠欣賞彼此的優點，就算年紀相差許多，也可以成為相談甚歡的「忘年之交」。

sù

宿

→ → → 宿

睡眠能使身體得到休息，恢復精神與體力，是種不可或缺的生理現象。

「宿」字就是根據人類睡眠的樣子所造，畫着一個人「亻」躺在草蓆「㐁」上睡覺的姿勢，而演變到後來，上面又加了房屋的外型「宀」，象徵着不但有房子遮風避雨，還有草蓆能夠坐臥，表達出「歇息」的意思。

小教室：

你聽過「寄宿家庭」嗎？到海外遊學時，可以選擇借住在當地人家中，這麼一來，不只能近距離體會異國文化，也能結交當地的好友喔！

kǔn

困

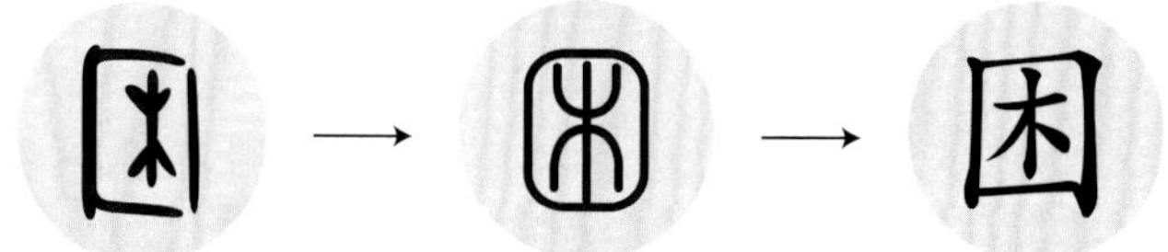

樹木會朝天空的方向努力生長，以免陽光被更高聳的物體遮住，同時樹枝也會往四面八方伸展開來，以便吸收更多能量。

「困」字畫的就是一棵樹木「木」被柵欄「囗」圍起的模樣，由於生長路徑被限制，無法繼續向外伸展，所以「困」字有着「阻礙」的意思。

小教室：

植物的莖通常有着「正向光性」，會朝光的方向生長，試圖獲取更多陽光。

植物的根則剛好相反，「負向光性」讓它們往暗處鑽，牢牢抓住地下的土層，吸收水與養分。

xiàn

陷

(古文字) → (小篆) → 陷

「陷」字的本義是陷阱。設置陷阱是打獵的方式之一，首先要在泥土地上挖出坑洞，再以樹枝、草葉遮掩洞口，一旦獵物不小心踏上，就會跌入坑中無法逃脫了。

在甲骨文裏，「陷」字是依照陷阱捉到獵物的模樣所造，下方有深邃的凹洞「凵」，洞裏的生物「(鹿形)」是隻長着雙角的漂亮雄鹿，牠已經落入獵人的陷阱，難以脫身了。

小教室：

有些地區會大量抽取地下水灌溉農作物，這種行為讓土壤失去水分的支撐、變得緊密，形成地層下陷。

仔細想一想，如果地層持續往下陷落，將會發生甚麼災害呢？

回

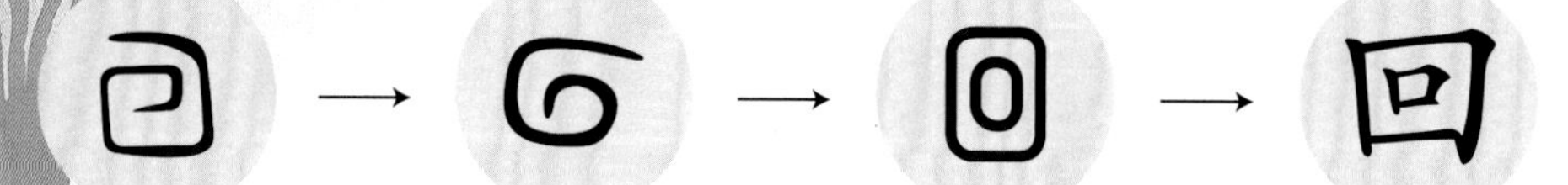

你曾經看過漩渦嗎？將浴缸的水塞拔開後，能在排水孔附近觀察到水流順着同個方向轉動，紋路和我們平常使用的蚊香很相似。

「回」字的本義是旋轉，古人造字時，或許就是參考了漩渦「囘」，以水流環繞的形狀表現出迴轉的意思。演變到篆文時，不小心將螺旋狀連在一起，誤寫為「大口包小口」，便成了現在使用的「回」字。

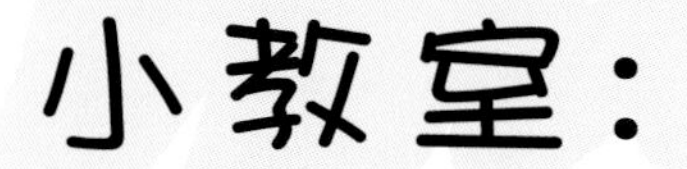

華佗是古代著名的醫學家，據說他不僅醫術高超，足以「妙手回春」治好垂死的病患，還是歷史上第一個使用全身麻醉，進行腹部手術的醫生。

xiàng

向

在地下室或浴室裏大聲說話，常常能重複聽見自己的聲音，這是因為聲波遇上光滑又堅硬的障礙物，有一部分被反射回來，形成「回音」。

「向」字外圍是房子的輪廓「∩」，有兩堵牆壁與傾斜的屋頂，裏面則畫了一張嘴「ㅂ」，代表有人在屋裏開口發聲，聲音會反射回來，所以「向」字是「響」的本字，有着「回音」的意思。

小教室：

「欣欣向榮」是形容草木生長蓬勃，茂密又繁盛的模樣。

紙張由樹木所製成，而小樹苗必須經過無數春夏秋冬，才能長成大樹，所以閱讀每一本書籍，我們都得感謝許多「樹爺爺」、「樹奶奶」的付出。

cái

才

→ → → 才

在甲骨文裏，「才」字是依據種子發芽的模樣所造。水平的橫線「一」代表泥土地，將一棵植物「ᛉ」中間分隔開來，位於地下的是根部，上方則是植物冒出一小截的嫩芽，由於枝葉還沒有生長出來，看得出剛發芽不久，所以「才」字的意思是剛剛、剛才。

小教室：

古代有位名為江淹的大文豪，傳說曾有仙人在夢中贈與他一枝五色筆，使他文思泉湧，但某天仙人又把五色筆要了回去，從此江淹便寫不出好文章了。

因此成語「江郎才盡」便是指失去靈感，再也創造不出好作品。

hòu

後

在甲骨文中，「後」的字形就像一個人的腳「 」被絲繩「 」所綑綁的模樣，步伐一旦受到限制，走路就變得遲緩，自然也會比其他人落後一截，因此「後」字有着落後、後面的意思。

演變到金文時，左邊又加上一個代表小步行走的偏旁「彳」，強調出「後」字與「走路」間的關係，這時的字形，已經跟我們現在使用的「後」字很相像了。

小教室：

春雨過後，竹林中會冒出許多筍子，因為這時的泥土變得格外濕潤鬆軟，成為適合竹筍生長的環境。

人們觀察到這個現象，所以用「雨後春筍」來形容在某個時期大量出現的事物。

zhī

隻

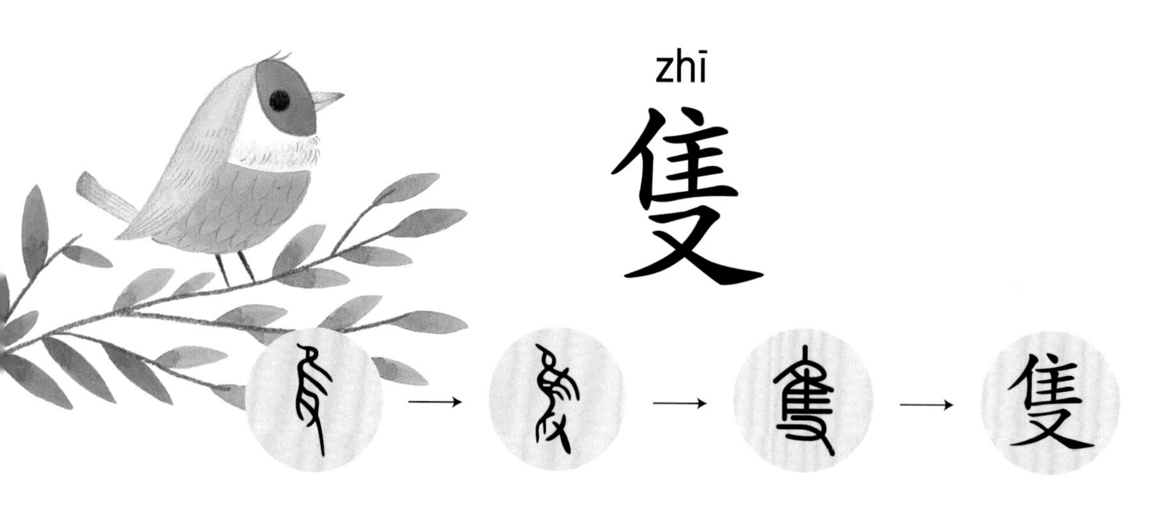

「隻」是「獲」的本字，最原始的意思是獲取。「隻」字上方畫着展翅的鳥兒「」，底下則是省略了兩根手指的手掌「」，兩者組合起來，是不是很像伸手捕捉小鳥的動作呢？

因為捕獵的對象是動物，所以「隻」字也被當作計算飛禽走獸的量詞，演變到後來，原始的意義反而被遺忘了，只好以「隻」字為基礎，另外造出一個「獲」字代表「獲取」的含意。

小教室：

一枝筆、一朵花、一頭牛……在表達數量時，不同的物品必須搭配相應的「量詞」，可不能胡亂組合喔！

小朋友，你知道如何正確使用量詞嗎？

yǒng

永

→ → → 永

河川通常源自高山，經過一段漫長的旅途，最終流入大海。

古文的「永」字不只畫出了河川水勢，連主流分出的小支流都詳細描繪出來，用來表示河川源遠流長。河川的長度越長，奔流入海就得花上越久的時間，因此「永」字又有長久、長遠的意思。

小教室：

「永」的字形很獨特，剛好具備楷書的八種基本筆畫：「側、勒、弩（又作努）、趯、策、掠、啄、磔」，若想練出一手好書法，可以先從「永」字開始練習。

yōu

幽

「幽」的意思是細微。在甲骨文裏，「幽」字由兩條絲線「8」和火焰「凵」組合而成，表示絲線在火光的照明之下才能看得清楚，透過這樣的關聯，我們很容易就能想像出絲線有多麼細小。

因為纖細的物品很容易隱藏起來，所以「幽」字也有祕密、隱蔽的意思。

小教室：

蜘蛛絲雖然纖細，卻有五花八門的用途，蜘蛛網不但能捕食昆蟲，也能作為蜘蛛的居所。

你知道嗎？小小一條蜘蛛絲，可是比粗細相同的鋼絲還要強韌呢！

zhòng

眾

「眾」字的甲骨文上方畫着太陽「⊖」，底下則有三個人形「 」，畫的是大伙兒在太陽下辛勤勞作的景象，代表「眾人」。

演變到金文時，原本象徵太陽的圖案被誤加上一點，寫成眼睛「 」，逐漸形成現在的「眾」字。

小教室：

「眾望所歸」是形容一個人深受大家認同，除了能力出眾之外，這樣的人通常也具備良善的品德，值得我們學習。

zōng

宗

→ → → 宗

除了祭拜天地、眾神，古人還會特別建造一間祠堂，專門供奉列祖列宗的靈位，以此祈求祖先保佑後代子孫。

「宗」字指的就是祖廟，上方畫出屋舍尖頂與牆壁的形狀「∩」，屋裏則放着神主牌位「丅」，使人聯想起莊嚴肅穆的祠堂。因為祖廟祭祀着同一家族的先人，所以「宗」字又有「同姓同祖」的意思。

小教室：

清明節是掃墓祭祖的日子，這一天裏，許多遠在他鄉的遊子紛紛返家團聚，是華人社會的四大重要節日之一。

小朋友，試着想一想，你猜得出另外三大節日是甚麼嗎？

fǎ

法

→ 法

「法」字的本義是刑法。在金文裏，「法」字右邊畫着傳說中名為「廌」的神獸，牠被譽為能夠明辨是非的「法獸」，外型和鹿很相像，頭上卻生着一隻獨角。

每當有人互相爭吵，廌便會以角牴觸不對的一方，讓判官將有罪之人打入大牢、去除掉，所以「法」字的左上角畫着「去」的古字；左下角的「水」字則代表刑法必須絕對公平，好比靜止的水平面，公正不偏移。

小教室：

神獸「廌（zhì）」又被稱為「獬（xiè）豸（zhì）」，自古以來，牠被視為公平執法的象徵。

某些朝代的執法官員會穿上繡有獬豸圖案的官服，或配戴一頂「獬豸冠」，以此勉勵要像獬豸一樣，擁有公正不阿的精神。

gāo

高

→ → → 高

「高」是個象形字，最原始的意義是高聳的樓臺。

在甲骨文裏，「高」字下方畫了棟帶窗戶「ㅂ」的平房「冂」，並以此為基臺，往上建造出用來瞭望的塔樓「仐」，這樣的建築與地面相距遙遠，因此「高」字有高聳、高大的意思。

小教室：

登高望遠，開闊的風景容易使人湧現許多情感，所以古代有不少詩詞以「登樓」作為主題。

當你眺望遠方的風景，心中會產生甚麼情緒呢？下次可以試着留意看看喔！

néng

能

「能」的本義是「熊」，意指一種大型的哺乳動物，牠的特徵是擁有一身濃密毛皮，尾巴短小，身軀和四肢強而有力。

「能」字就是根據熊蹲伏在地上的側面所造，左邊畫着臉與前肢，右邊則是熊的後腿和一條短尾巴。

由於熊是孔武有力的動物，所以後來借用了「能」字來表示力量、才幹的意思，例如才能。

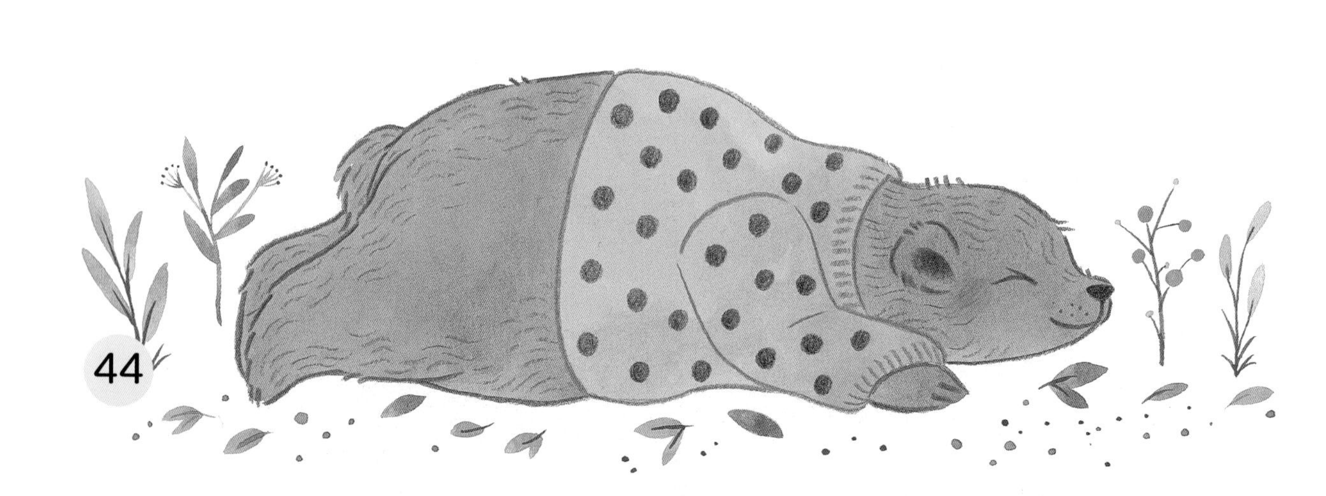

小教室：

「老嫗能解」是形容文義淺白，通俗簡單。相傳這句成語和唐朝詩人白居易有關，據說他會反覆修改詩作，直到連老太太都能讀懂為止；雖然我們不曉得傳說的真偽，但是可以知道，白居易的詩作無論男女老幼皆能朗朗上口。

zūn

尊

「尊」在古代是敬酒的意思。從字形中，可以清楚地看見「尊」字中間畫着酒器「酉」，下方有兩隻手「廾」小心翼翼地捧着，舉起酒器做出敬酒的動作。

古人通常會在祭祀或者招待賓客時敬酒，而態度一定是畢恭畢敬的，所以「尊」字又有敬重的意思。

小教室：

「養尊處優」是形容生活優渥，處於尊貴的地位。

其實無論貧窮或富貴，我們都應該知福惜福，珍惜自己所擁有的一切。

給孩子的

漢字故事繪本

編著 — 鄭庭胤　　繪圖 — 陳亭亭

責任編輯：練嘉茹
馬楚燕
封面設計：小草

出版／中華教育
香港北角英皇道 499 號北角工業大廈 1 樓 B
電話：(852) 2137 2338 傳真：(852) 2713 8202
電子郵件：info@chunghwabook.com.hk
網址：http://www.chunghwabook.com.hk

發行／香港聯合書刊物流有限公司
香港新界大埔汀麗路 36 號 中華商務印刷大廈 3 字樓
電話：(852) 2150 2100 傳真：(852) 2407 3062
電子郵件：info@suplogistics.com.hk

印刷／海竹印刷廠
高雄市三民區遼寧二街 283 號

版次／ 2018 年 12 月初版

規格／ 16 開（260mm x 190mm）
ISBN / 978-988-8571-55-0